條條絲路 通亞歐｜絲綢之路

檀傳寶◎主編　葉王蓓◎編著

中華教育

100+3650+365+365=?

讓我們踏上絲綢之路，跟着它從沙漠到海洋，從塞里斯國到瓷器之國，來回味Made in China 的前世今生。

目錄

是誰送公主出嫁？

阿倍仲麻呂

鑒真和尚

馬可‧波羅

尋找塞里斯國

讓安息帝國反敗為勝的彩旗

Made in China（中國製造），最早的故事也許應該從「絲綢之路」開始。

絲綢之路很長，絲綢之路的歷史更長。

所以，關於絲綢之路，我們要從一個遙遠的時代、一個遙遠的地方、一場遙遠的戰爭講起。

那是公元前 53 年 6 月的伊朗高原。你能想像，那時候的太陽有多麼耀眼，沙土和空氣是多麼的酷熱。

絲綢，是用蠶絲織造的紡織品的總稱。絲綢是中國的特產，從西漢起，中國的絲綢不斷大批地運往國外，成為世界聞名的產品。那時從中國到西方去的大路，被歐洲人稱為「絲綢之路」，中國也被稱之為「絲國」。

著名的卡萊戰役，正處在決定性的時刻。戰無不勝的羅馬軍，正在攻打安息帝國（公元前247年—公元前224年）。戰爭非常激烈，從清晨打到了中午。面對羅馬軍強大的攻勢，安息軍只有招架之力。

正在這個時候，安息軍隊中突然舉起一面面五彩的軍旗。這些彩旗在正午的陽光下絢麗奪目，讓人眼花繚亂。雖然常勝，但是遠道而來疲憊的羅馬軍，實在不知道安息軍手裏拿的是甚麼，一下子被這些彩旗搞得暈頭轉向，紛紛退避。安息軍抓住機會，輕騎兵衝出去、弓箭手連續發箭，反敗為勝，追擊羅馬軍。羅馬軍一時死傷無數。

這些彩旗，柔軟而光亮。歷史學家們分析說，那是羅馬人第一次見到絲綢。

神祕的絲綢喚起了羅馬人強烈的好奇心。

卡萊戰役

公元前53年羅馬共和國和安息帝國(今伊朗帕提亞地區) 在卡萊附近進行的一場世界軍事史上著名的戰役。由羅馬統帥克拉蘇對陣安息帝國名將雷納。最終，安息軍幾乎全殲羅馬軍。克拉蘇被俘殺，羅馬軍團的鷹旗被奪，這場戰役是羅馬帝國最恥辱的戰鬥之一。

安息人

從中國到羅馬，不僅隔着千山萬水，還隔着許多國家，比如故事裏的安息國。作為絲綢之路必經之地，安息國也是絲綢貿易「中介商」，作為絲路商貿中心，安息國是當時亞歐四大強國之一。 絲綢往往都是先運到了安息，再往西邊的國家運送。

這麼好看，怎麼忍得住不看啊！

啊⋯⋯嗚⋯⋯我剛才看了半天，也沒有搞明白！

兄弟，那，那是甚麼！

將軍有令，不得亂看彩旗！

3

長在樹上的絲綢

剛才，我們提到羅馬人第一次見到絲綢的場景，是那麼的吃驚、狼狽和刻骨銘心。

現在，我們來看看，絲綢慢慢傳到羅馬以後的故事。

這一天，我們恰巧在羅馬戲院看戲。這時候，凱撒大帝來了，他一進場，我們就聽到觀眾席裏沸騰了。「他又穿了一件絢麗奪目的長袍！」「真是豪華絕代啊！」大家都忘記自己是來看戲的，只顧欣賞凱撒大帝帶來的時裝秀。大家議論紛紛，打聽這件新衣服的來歷。

詩人維吉爾站起來了，他抬抬手，示意大家安靜，說：「各位，各位，在我的《農事詩》裏解釋過啦，這是絲綢！產自遙遠東方的塞里斯國（塞里斯國就是今天的中國。Seres，意即『絲綢之國』）。」

眾人摸摸凱撒身上的寬袍，問：「那，這和做袍子的羊毛有甚麼區別？」

維吉爾說：「哦，羊毛是長在羊身上的，絲綢呢，是長在塞里斯國的一種樹上。樹上有很多柔軟的絨毛，那就是絲綢啦。它那麼軟、那麼華貴，採的時候，要輕輕地摘。」

眾人一邊發揮五花八門的想像力，一邊佩服：「哦，真的呀？！」

有了凱撒的華麗示範後，羅馬的貴族們爭相穿絲綢服裝。

為甚麼古羅馬人認為絲綢是長在樹上的呢？原來，在公元前124年前，我國絲綢技術對外保密，所以他們對絲綢的想像，腦洞大開。古羅馬著名學者在他的《自然史》上曾推斷絲綢來源：「絲繭是生在樹上，取下濕潤一下，理成絲，裁成衣服，光彩照人。」

不，絲綢是來自動物身上的皮毛。

真的嗎？

絲綢是長在樹上嗎？

在古代的中外交往中，中國有三張「名片」：一是絲綢，二是瓷器，三是茶葉。

張騫的加法題

100+3650+365+365=?

或許絲綢、瓷器、茶葉這些「中國名片」傳到西方與一個叫張騫的漢朝人不無關係。

在羅馬人心目中遙遠的塞里斯國（今中國），有一位勇士要出發，向西部探路去，他叫張騫。那時候，羅馬和中國之間隔着高山、戈壁、沙漠和各懷想法的中間國家，西方世界雖然渴望了解中國和絲綢，卻無法接近，關於中國的一切，只能停留在傳說和神話中。

公元前 140 年，漢武帝派張騫出使西域，率領了 100 多人出發，去尋找西部的大月氏，希望聯合他們一起攻打匈奴。只是，張騫一離開中國就被匈奴俘獲，一關就是 10 年！張騫好不容易

逃出來，找到了大月氏，可是他們已經不願聯合對抗匈奴了。張騫停留了 1 年多，只好回國。回來的路上，又被匈奴發現了，扣留 1 年多。後來匈奴內亂，張騫乘機逃回來。回到中國的時候，隨行的 100 多人大多失散，只剩張騫和他的翻譯堂邑父，以及他們行囊裏帶回的兩樣東西：葡萄和苜蓿。

後人跟隨張騫開闢的道路，逐漸開發出貫通歐亞大陸的東西方交通道路，這條路運送過上文提到的讓安息軍反敗為勝的彩旗、凱撒大帝做袍子用的絲綢等。所以，這條路有個美麗的名字，叫「絲綢之路」。這條路，東起我國西安，經過陝西、甘肅河西走廊、新疆塔里木盆地，跨越帕米爾高原，經中亞、阿富汗、伊朗、伊拉克、敘利亞而達地中海東岸，全長 7000 多公里。

長安

西 漢

西行使者——《晉書》裏的希臘神話

繼張騫之後，漢朝使者甘英向西探路，最遠，他到了波斯灣。一路上，新奇不斷。他告訴我們：你知道嗎？在有些國家，字不是豎着寫的，竟然是橫着寫！最讓他吃驚的，還有一路上見到的珍禽猛獸。比如說，有一種鳥長得像駱駝，牠的蛋有一個罈子那麼大！（牠就是鴕鳥啦）

在波斯灣邊上，甘英準備坐船去紅海和敘利亞。居心叵測的安息國海員告訴他：天氣好的話，三個月是可以渡過大海的。遇上狂風大浪的惡劣天氣，兩年還不一定到得了，你最好帶上三年的食物。還有，安息人補充説：海裏還有一種歌聲優美的海妖，如果不小心聽到它們的歌聲就會死去。由於安息人的阻攔，甘英只好打消念頭，返回中國。我們的《晉書》裏就提到了甘英聽説的希臘海妖塞壬。

7

驛站二
羅馬帝國的煩惱

對中國絲綢說「不」！

隨着絲綢之路的開通，中國絲綢源源不斷地運往西方。

公元 3、4 世紀的時候，絲綢成了羅馬人最喜歡的時髦衣料。

不過，我們上面提到，為了賺取絲綢貿易的「中介費」，波斯人一直想方設法阻攔羅馬人和中國人接觸，這樣才好把從中國買來的絲綢高價賣給羅馬人。當然，羅馬人也很不服氣，為了絲綢和波斯人打過很多仗，歷史上叫作「絲絹之戰」。

打仗歸打仗，羅馬人還是狂熱地追求絲綢，不管是不是敵國賣給他們的。有一時期，中國絲

綢的價格被炒到天價，12 兩黃金才能買 1 磅絲綢。

羅馬的金子像流水一樣外流。著名的地理博物學家普林尼抱怨，羅馬每年至少有價值相當於今天 2000 萬美元的黃金，用在與印度、中國和阿拉伯半島的生意中，其中大多用來購買絲綢。

有很多人擔憂，絲綢會把羅馬經濟搞崩潰！

還有人覺得絲織品實在太薄太透，有傷風化！

羅馬元老院多次出台法令，禁止購買絲綢。但是，這些法令自然不能阻止愛美的人們對絲綢的追求。

到羅馬帝國末期，301 年，戴克里先皇帝只好強制性地把中國生絲價格規定得很高，每磅約合 274 金法郎，來遏制羅馬人購買絲綢。

▲文藝復興時期意大利畫家波提切利作品《春天》，再現了羅馬貴婦人身披絲綢輕紗的形象

9

傳絲公主的帽子

在羅馬絲綢和金子一樣貴的時候，也有無數的人各顯神通，去尋找絲綢製作的技術。而中國的絲綢技術是怎麼傳到其他國家的，也有許多傳說故事。

我們就來看看曾經沿着絲綢之路去取經的玄奘法師，在他寫的《大唐西域記》中，是怎麼講的。

古代，在新疆和田，有個瞿薩旦那國。他們聽說東鄰的小國家學會了蠶桑絲織技術，就派人去要蠶卵桑籽。鄰國的君主當然不願意分享，回絕了他們，還下令嚴密把守關卡，禁止任何人帶蠶卵桑籽出關。

瞿薩旦那國無計可施了嗎？突然，他們想到了一個辦法，準備禮物去鄰國求親！鄰國君主為了友好，就只好答應這門親事。瞿薩旦那國使者來迎親的時候，偷偷吩咐鄰國公主，「我們瞿薩旦那國沒有蠶桑絲綢生產，請公主自帶蠶卵桑籽來完婚，今後才能幫您做出漂亮的絲綢服飾穿」。公主出嫁，離開鄰國的時候，將蠶卵桑籽藏在帽子裏，邊關的守將搜遍了所有物品，但就是不敢檢查公主的帽子。就這樣，桑樹和蠶種跟着這位公主傳入了瞿薩旦那國。

慢慢地，絲綢製作技術也傳到了其他國家。

英國人斯坦因在敦煌考古時發現的版畫《東國公主傳絲圖》，似乎也印證了這個傳說。季羨林老先生為《大唐西域記》校注時曾指出：「這個古老動人的故事，說明內地漢族人民發明養蠶繅絲的技術很早就已傳入新疆塔里木盆地。之後，又通過這裏傳到西亞和歐洲。」

斯坦因

玄奘

斯坦因，英國著名考古學家，出生於1862年。他一生中曾進行了四次中亞考察，考察重點是中國的新疆和甘肅，所發現的敦煌吐魯番文物及其他中亞文物是今天國際敦煌學研究的重要資料。他是國際敦煌學研究的開山鼻祖，但是他也掠走中國莫高窟中的遺書、文物一萬多件。其中就包括至今還保存在大英博物館裏的《東國公主傳絲圖》。

玄奘，唐代著名高僧，他於貞觀元年（627年）從長安出發，歷經17年，一人西行五萬里到達印度佛教中心那爛陀寺取真經，《西遊記》就是以其取經事跡為原型。《大唐西域記》是玄奘記錄的關於其西行的見聞的著作。

玄奘被世界人民譽為中外文化交流的傑出使者，他的思想與精神如今已是中國、亞洲乃至世界人民的共同財富。

會種蠶的傳教士

羅馬的皇帝的確為絲綢的昂貴煩透了心。

查士丁尼大帝當然也不例外。

這一天，門外有人來報，一名到過東方的傳教士求見，他自稱能弄到中國蠶卵桑籽。

查士丁尼大帝大喜，下令：「速去速回，取回絲綢的種子！」

奉命之後，這個傳教士不遠萬里再次來到東方（可能是我們中國的新疆），把好不容易弄到手的蠶種和桑籽藏在竹杖裏，再用了一年時間，披星戴月，趕回羅馬。

大家對傳教士充滿崇拜，聽從他的指導：把蠶種埋入地下，將桑籽嘛，就放在懷中像孵小雞一樣的孵化！結果絲綢沒有做出來，倒鬧了一場笑話。

古羅馬人的養蠶經歷

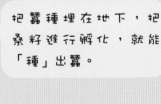

把蠶種埋在地下，把桑籽進行孵化，就能「種」出蠶。

這個事情傳到了幾個正在君士坦丁堡（今土耳其伊斯坦布爾）的印度僧人那裏。於是他們來王宮求見查士丁尼，說：我們在塞里斯國住了很久，也用心研究過這種蠶蟲的繁殖飼養方法。

絲路使者

為甚麼在傳說裏來往東西傳播各類技術的很多都是宗教人士？

這是因為古代的東西方，宗教信仰傳播途徑和當時的商業貿易路線相同。絲綢之路上的職業商人，可能是不同宗教的信徒。而各個宗教的傳道者有時也跟着貿易的隊伍來往於東西方。所以，許多宗教人士深知異國的地理、人文。比如，我們熟知的法顯、玄奘也是走着絲綢之路去取佛經的。

查士丁尼再次派僧人去東方取桑蠶種子，並答應事成之後重賞。

這次印度僧人把蠶卵桑籽和養殖技術帶回了君士坦丁堡，並培養成功。從此，養蠶業在西方逐漸傳播開來了。

波斯商人的最後一單生意

絲綢之路上，其他物品的貿易也非常繁盛。

波斯詩人薩迪講過這樣一個的故事，告訴我們當時絲綢之路的貿易情況：我認識一個商人，他有 150 頭駄貨的駱駝，40 個奴隸和僕人。一天晚上，他在波斯灣凱西島上的住宅內招待我。

他說：「我想再做一次生意旅行，就從此退隱，不再經商了。」

我問：「做甚麼生意旅行呢？」

他說：「我準備把波斯的硫磺運到中國賣。據我所知，硫磺在那裏能賣高價；然後我再把中國的瓷器運到希臘。把希臘或威尼斯的錦緞運到印度；再將印度的鋼帶到阿勒波；把阿勒波的玻璃器皿運到也門；最後帶着也門的條紋衣料，回到波斯。」

讓我們跟着波斯商人一起來一趟世界之旅吧！

波斯商人的世界之旅

絲綢之路都在運送些甚麼

①

②

③

④

還有一些食物也是通過「絲綢之路」傳到中國。

⑤你知道哪些是通過「絲綢之路」傳到中國的食物嗎？請在下面打「✓」。

■ 橘子

■ 胡椒

■ 胡蘿蔔

■ 黃瓜

■ 大蔥

■ 核桃

■ 菠菜

■ 大蒜

正確答案：

①造紙術　②火藥　③印刷術　④指南針

⑤胡椒、黃瓜、大蒜、核桃、菠菜

驛站三

四大發明的歐洲之旅

造紙術之不能說的祕密

　　絲綢之路上除了絲綢，還有其他物資和技術，比如四大發明，也是沿着這條路去歐洲旅行的。只是，它們的旅途中常常伴隨着戰火……

　　105 年，中國人發明了造紙術，我們開始享受紙張帶來的便利，經絲綢之路傳來的佛教經書也可以用紙張印刷了。但是當時造紙術還是中國不能說給別國的祕密。

　　造紙技術的祕密就這樣被嚴密保守了幾百年。不料，在 751 年，唐朝軍隊和大食（阿拉伯帝國）會戰，唐軍不僅戰敗了，軍隊裏的幾名造紙工匠還被阿拉伯人俘虜帶走了。阿拉伯人在撒馬爾罕城開造紙廠，讓中國工匠傳授造紙技術，從此，阿拉伯人學會了造紙術。只是，他們也嚴守

造紙術的祕密

1. 斬竹漂塘：斬嫩的竹子，放到池塘泡上一百多天。

2. 煮楻足火：把竹子撈出來，放到桶裏和石灰一起蒸煮八天八夜，再搗爛。

造紙術的祕密，不告訴其他國家。

又過了幾百年，大概 10 世紀，埃及人從阿拉伯人那兒學會了造紙。

大約 1110 年，造紙術傳到北非。

1150 年，造紙術再傳到西班牙。歐洲開設了首個造紙作坊，這個不能說的祕密終於到達歐洲。

3. 蕩料入簾：把打爛的竹料放到水槽裏，並用竹簾在水裏蕩料，竹料會附在竹簾上形成薄薄的一層。

4. 覆簾壓紙：把簾反扣到板上，濕紙落下來，壓出水。

5. 透火焙乾：焙乾濕紙。

印刷術之跟着鈔票去旅行

也許你會好奇，造紙術傳到阿拉伯後，印刷術又是怎樣傳到歐洲的呢？

大家也許理所當然地認為是阿拉伯人將印刷術繼續傳到了西方，但答案是「不是」，阿拉伯人對學習印刷術興趣不是很大。為甚麼呢？有的歷史學家分析，可能由於宗教的原因，阿拉伯人覺得印刷術要用到豬毛做的刷子，所以比較抗拒，不愛學。

那中國的這項發明是怎麼去到歐洲呢？這裏，我們要講到蒙古帝國，它是一個歷史上令各國都非常恐懼的軍事集團，他們東征西討，建立了超級大國。那個國家佔了地球總土地面積的 22%（當然，這個比例還可以更高。畢竟哥倫布這個時候應該還沒有出生，美洲還是人類未知的土地），是現在俄羅斯的 1.9 倍大，是公認的世界歷史版圖第二大的國家。

蒙古人在征服的地區，包括四個汗國，廣泛使用紙鈔。對於還用金銀作為錢幣的人們來說，紙鈔可絕對是新鮮事物，引起了人們的興趣。因此，作為紙鈔的印刷方法——活字印刷術也順着絲綢之路西傳至西亞、北非一帶，那裏的人們比阿拉伯人有學習興趣，所以，印刷術隨後也被傳入歐洲。

▲ 鐵木真

蒙古帝國

蒙古帝國是在13世紀由蒙古人為主建立的政權，聯合所組成的大帝國。1206年，鐵木真被推舉為大可汗，尊稱「成吉思汗，他建立大蒙古國。鐵木真及其子孫在統一蒙古各部後的對外征戰中，將國家的版圖擴展到了從太平洋到黑海之間的廣闊地域，之後蒙古人建立的政權被西方統稱為「蒙古帝國」。

世界最早使用的紙幣

　　交子，是世界最早使用的紙幣，最早出現於四川地區，發行於北宋前期的成都。最初的交子實際上是一種存款憑證。北宋初年，四川成都出現了為不便攜帶巨款的商人經營現金保管業務的「交子鋪戶」。存款人把現金交付給鋪戶，鋪戶把存款數額填寫在用楮紙製作的紙卷上，再交還存款人，並收取一定保管費。這種臨時填寫存款金額的楮紙券便謂之交子。到了天聖元年（1023年），由朝廷發行了交子。

▲ 交子

各朝代發行的紙幣

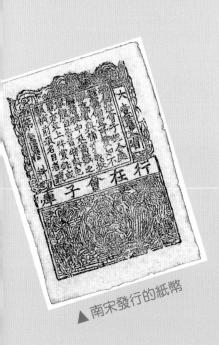

▲南宋發行的紙幣

▲金代發行的紙幣

▲元代發行的紙幣

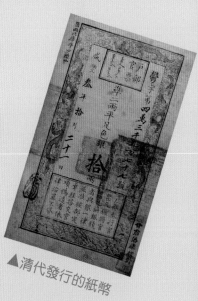

▲清代發行的紙幣

火藥火器之中國噴火龍

火藥武器能傳播到歐洲，還是和蒙古帝國與阿拉伯人有關。

1234 年蒙古滅金之後，蒙古軍隊將金人在開封等地虜獲的工匠、作坊和火器全部掠走，還把金軍中的火藥工匠和火器手編入了蒙古軍隊。次年，蒙古大軍發動了第二次西征，新編入蒙軍的火器部隊也隨軍遠征。在隨後的幾年中，裝備火器的蒙古大軍橫掃東歐平原。相傳，在一場蒙古人與波蘭人展開的戰爭中，波蘭火藥史學家蓋斯勒躲在戰場附近的一座修道院內，偷偷描繪了蒙古士兵使用的火箭樣式。根據蓋斯勒的描繪，蒙古人從一種木筒中成束地發射火箭。因為

我就是中國噴火龍。

在木筒上繪有龍頭，因此被波蘭人稱作「中國噴火龍」。這是歐洲人對中國的火藥武器最形象的描繪。

　　蒙古大軍席捲東歐大地，讓阿拉伯人也感受到了火藥的巨大威力。由於擔心會成為蒙古軍隊的下一個進攻目標，阿拉伯人迫切希望獲得火藥的情報，以提升阿拉伯軍隊的戰鬥力。但阿拉伯人缺乏製造火藥最為關鍵的硝石（阿拉伯人稱為「中國雪」）的提煉技術。於是，善於航海的阿拉伯人通過與東南亞各國貿易，間接從中國進口了大量硝石。但蒙古帝國沒有給阿拉伯人足夠的時間利用這些硝石，就滅掉了阿拉伯帝國，之後建立起了伊利汗國。從此以後，這裏迅速成為火藥等中國科學技術知識向西方傳播的重要樞紐。配備火藥武器的蒙古軍隊在歐洲的長期駐紮，給歐洲人學習火藥技術提供了機會。

　　由於元代政府不禁止火器出口，蒙古軍隊還在阿拉伯人和歐洲人中招募士兵，因此，歐洲人有了足夠的機會掌握火藥製造技術。希臘人馬克在研究中國火器的基礎上寫了《焚敵火攻書》，記述了 35 個火攻方法。該書在 1804 年由法國人杜泰爾奉拿破侖之命譯為法文，隨後又被譯為德文和英文。

▲ 中國噴火龍的模樣

四大發明的世界旅行還少了一位成員。因為他走了另一條路線。下面再講。

大和尚東遊記

鑒真東渡

絲綢之路，實際上並不是只有陸地上的通道，還有一條經過海路到達其他國家的路線，這就是「海上絲綢之路」。

海上絲綢之路是指古代中國與世界其他地區進行經濟文化交流往來的海上通道。泉州為聯合國教科文組織唯一認定的海上絲綢之路起點。

《漢書·地理志》記載海上絲綢之路雛形在秦漢時期已存在，其形成原因有社會穩定、經濟發展、造船和航海技術的發展，陸上絲綢之路發展受限等。

唐代中後期，陸上絲綢之路因戰亂受阻，加之同時期中國的經濟重心已轉到南方，而海路運量大、成本低、安全度高，海路便取代陸路成為中外貿易主通道。特別是宋代商業科技高度發展，指南針和水密封艙等航海技術的發明和之前牽星術、地文潮流等航海知識的積累，加上阿拉伯世界對海洋貿易的熱忱，使海上絲綢之路達到空前繁盛。

海上絲綢之路讓許多宗教思想得以傳播。

這裏我們要講一個故事，這個故事發生在海上絲綢之路的一個重要起點——揚州。

唐代的揚州，不僅各國商人雲集，還佛教盛行，高僧輩出。

這一天，揚州大明寺的高僧鑒真正在講法。突然，弟子來報，有客求見，來的是兩位風塵僕僕的和尚。

大家已經習以為常了，因為遠道而來拜訪鑒真的人實在太多了！

只是，院裏的小沙彌突然停止了掃地，鑒真的幾個大弟子像「凍」住了一樣，只有樹上的小鳥還在「啾啾」叫着。

鑒真微微點頭說：「好的，我和兩位一起前去日本。」聽到鑒真的回答，來訪的這兩位日本和尚舒了一口氣，說：「我們花了十年尋訪大和尚，終於能給我們日本佛教和天皇一個交代了。」

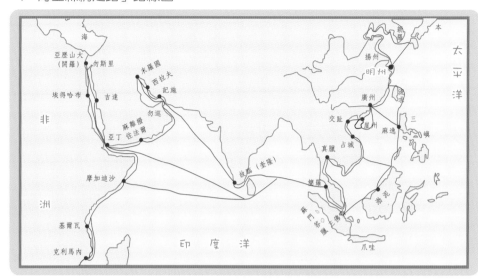

▼「海上絲綢之路」路線圖

鑒真的幾個弟子終於回過神來了，原來，剛才來訪的人邀請師父去日本！他們趕緊說：「師父，日本太遠，大海渺茫，去一百次還不知道能不能有一次能到，太危險！」

鑒真微笑：「為了傳播佛法，何惜身家性命？」

的確，那時候從唐朝去日本的困難是難以想像的。由於造船技術和人們對季風規律的掌握都不是很好，海上常常發生船毀人亡的事故。從 742 年開始，鑒真一共出海六次，只有最後一次才順利到達日本。

▲鑒真東渡危險重重，許多古代雕刻都有所反映

大和尚

鑒真在日本被尊稱為「大和尚」。他到日本之後，除了主持佛教儀式，講授佛經，還在很多方面有影響：指導日本醫生鑒定藥物，設計和主持修建了唐招提寺，還有人說他教會了日本人製作很多食物，比如豆腐。

日本的唐招提寺和寺中鑒真弟子為他製作的坐像都是向西的，你猜為甚麼？＿＿＿＿＿＿＿＿

＿＿＿＿＿＿＿＿＿＿＿＿＿＿＿＿

（答案：那個方向是中國）

京城的日本留學生

海上絲綢之路促進了文化的交流。

那時候，日本還派了很多留學生來中國學習。他們通過海上絲綢之路來到中國，與中國政府取得聯繫後，唐代朝廷就會給他們免費提供食物、服裝，可能和現在的留學獎學金差不多。

大部分日本留學生都在京城（古長安）的國子監學習。他們中間有一位，叫作阿倍仲麻呂，

三笠山之歌

阿倍仲麻呂

翹首望蒼天，
神馳奈良邊，
三笠山頂上，
想又皎月圓。

非常喜歡中國文化，他學習優秀，考中了進士，所以就留在了中國做官。他做過祕書監，相當於現在國家圖書館的館長。他還常常接待日本來的使者、學生，向他們介紹中國。所以，也有人說，他相當於現在日本的駐華大使。

阿倍仲麻呂還有個響當當的中國名字——晁衡。阿倍仲麻呂深受中國文化的影響，他結識了許多傑出的詩人朋友，比如李白、王維，自己也留下了不少膾炙人口的詩詞。比如，表達思念故鄉之情的《三笠山之歌》是日本婦孺皆知的名詩，《銜命還國作》後來收錄在宋代編輯的優秀詩文集《文苑英華》裏，也是《文苑英華》中唯一的外國人作品。

公元 752 年，阿倍仲麻呂請求返回日本。這時阿倍仲麻呂入唐已經 37 年，是一位 56 歲的老人了。唐玄宗感念他在唐幾十年，功勳卓著，便任命他為唐朝回聘日本使節。任命一個外國人為中國使節，歷史上也是罕見的，這說明阿倍仲麻呂得到了朝廷的器重和信任。

阿倍仲麻呂啟程回國前，還特別前往揚州邀請鑒真和尚一起東渡。10 月，他們分乘四船從蘇州起航回國。但是，命運卻偏偏和歸心似箭的阿倍仲麻呂為難，他們在前往日本途中遇到了風暴，阿倍仲麻呂所乘的船觸礁，不能繼續航行，並與其他三船失去聯繫，被風暴吹到越南的海岸。登陸後，又遭橫禍，全船一百七十餘人，絕大多數慘遭當地土人殺害，倖存者只有阿倍仲麻呂等十餘人。755 年 6 月，歷盡艱險的阿倍仲麻呂再次入長安。之後，他再也沒有離開中國。

銜命還國作

阿倍仲麻呂

銜命將辭國，非才忝侍臣。
天中戀明主，海外憶慈親。
伏奏違金闕，騑驂去玉津。
蓬萊鄉路遠，若木故園林。
西望懷恩日，東歸感義辰。
平生一寶劍，留贈結交人。

你知道這首詩表達了仲麻呂怎樣的感情嗎？

（答案：仲麻呂在詩中抒發了他留戀中國，惜別故人和對唐玄宗的感戴心情，意境深遠，感人至深。它是歌頌中日兩國人民傳統友誼的史詩，千百年來為兩國人民所傳誦。）

馬可‧波羅回家

指南針之海上絲路的探險

四大發明中，還有一項發明，叫指南針，它是怎樣傳到歐洲去的呢？原來它就是走了海上絲綢之路。在一定程度上，指南針也促進了海上絲綢之路的興盛。

大約在公元 3 世紀，中國人就發現了磁石能夠吸鐵的特性，同時還發現了磁石的指向性，並依此特性製造了「司南」（就是指南針的祖先啦）。在北宋時期，中國人就把指南針裝在船上，用於海上導航。那時候，中國海船上有很多有經驗的水手，據說他們有一手好功夫，能夠在茫茫大海上分辨方向。具體的做法嘛，就是晚上看星星，白天看月亮。天氣不好的時候，看指南針。

在指南針開始它的海上旅行之後，航海的技術得到了很大的提高，海上絲路也就越來越安全了。再加上唐代發生了「安史之亂」，往西走的陸上路線沒有往日那麼安全了，所以海上絲綢之路慢慢成了一個更好的選擇。海上的船比起駱駝，能運輸更多東西，而且像陶瓷這樣易碎的東西也好運多了。所以，中國和其他國家的貿易就逐漸從陸地絲綢之路轉到了海上絲綢之路。

那時候海上絲路的貿易十分繁華，無數船隻來往中國南海、印度洋和波斯灣之間。而我們中國造的海船能夠容納上百人，所以外國的商人也喜歡搭中國船，其中就有阿拉伯人。他們很快學會了指南針的用法，並慢慢地傳到了歐洲。這就是中國四大發明中指南針去歐洲的路徑了。

▲ 各種各樣的中國古代指南針

▲ 不僅有指南針還有指南車

瓷器之國的指南針

通過海上絲綢之路，我國製作精美的瓷器大量運出，成了繼絲綢之後，又一類受各國追捧的產品。所以，中國從原來人們口中的塞里斯國，變成了瓷器之國。中國的英文名字China也就是「陶瓷」的意思呢！

作為瓷器之國，我們還有一種用陶瓷碗做的羅盤：拿一個陶瓷碗，裏面裝上水。水上放幾根燈芯草，它們比較輕，會浮在水上。這時，在草上放一枚磁針。再在碗的外面套一個方位盤。看磁針的方向就可以導航了。

「南海一號」博物宮——水晶宮

在海上絲綢之路上失事的古船

「南海一號」是南宋初期一艘在海上絲綢之路向外運送瓷器時失事沉沒的木質古沉船，沉沒地點位於中國廣東省陽江市南海海域。「南海一號」是迄今為止世界上發現的海上沉船中年代最早、船體最大、保存最完整的遠洋貿易商船。2015年1月28日，經過七年的保護發掘，南宋古沉船「南海一號」表面的淤泥、海沙、貝殼等凝結物被逐層清理，船艙內超過6萬件層層疊疊、密密麻麻的南宋瓷器得以重見天日，展現在世人面前。

▲「南海一號」出土的珍貴文物

▶「南海一號」上發現的瓷器文物

護送公主遠嫁

　　說到海上絲路，我們還要講一個威尼斯人，他叫馬可·波羅。

　　馬可·波羅在 17 歲的時候，就跟家人從陸上絲綢之路來到中國。當時中國的皇帝（元世祖忽必烈）非常器重他，還給了他欽差的職位，讓他遊歷中國。

　　一眨眼，他在中國待了 17 年。他開始思念久別的故鄉。

　　這時候，伊利汗國大汗的妻子死了，按照慣例，必須再娶一位蒙古公主。於是，熟悉航海的馬可·波羅就護送闊闊真公主遠嫁，前往波斯灣的伊利汗國。只要完成這個使命之後，馬可·波羅就可以順道回故鄉了。

▲ 馬可·波羅

　　他們從泉州出發，三個月後抵達爪哇，然後繞過馬六甲海峽在蘇門答臘和印度停留了一段時期，兩年後才抵達波斯灣。

　　完成了護送公主的使命後，馬可·波羅一家乘船去君士坦丁堡，再回到了威尼斯。

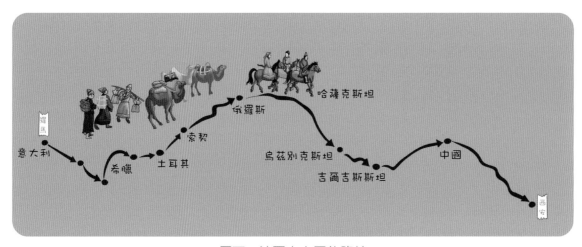

▲ 馬可·波羅來中國的路線

回到意大利後，馬可‧波羅在一次海戰中被俘，在獄中他口述了大量有關中國的故事，其獄友魯斯梯謙寫下著名的《馬可‧波羅遊記》，這是歐洲人撰寫的第一部詳盡描繪中國歷史、文化和藝術的遊記。

《馬可‧波羅遊記》盛讚了中國的繁盛昌明，對東方世界進行了誇大甚至神話般的描述，這些描述激起了歐洲人對東方世界的好奇心，同時也對 15 世紀歐洲的航海事業起到了巨大的推動作用。意大利的哥倫布，葡萄牙的達‧伽馬、鄂本篤，英國的卡勃特、安東尼‧詹金森、約翰遜、馬丁‧羅比歇等眾多的航海家、旅行家、探險家讀了《馬可‧波羅遊記》以後，紛紛東來，尋訪中國，大大促進了中西交通和文化交流。因此可以說，馬可‧波羅和他的《馬可‧波羅遊記》給歐洲打開了一扇了解中國的窗口。

麥哲倫

絲綢之路的前世今生

從塞里斯國、瓷器之國到「世界工廠」

由於絲綢之路送出精美的絲綢，中國被稱作塞里斯國。後來海上絲路運出更多的瓷器，人們給中國取了 China 這個英文名字。

最近幾十年，由於我國持續實行改革開放的政策、中國勞動者素質較高而人工成本較低等原因，越來越多的資本從世界各地流進中國。中國工廠生產的東西無所不包，從衣服、玩具，到電腦。物美價廉、標籤上印着 Made in China （中國製造）的商品逐漸進入了世界各個角落。中國因此也就被稱作「世界工廠」。

▲ 玩具

你知道中國出口到世界各國的產品主要有哪些嗎？

▲ 服裝、紡織品當然少不了

▲ 中國的陶瓷依舊受各國消費者的喜愛

還有很多很多⋯⋯

你知道嗎，全世界 70％ 的牙刷都是中國製造的，75％ 的玩具都是中國製造的，100％ 的微波爐也是中國製造的……

如果你到訪我國沿海的一些小鎮，如果當地人和你講：「世界上每 7 條皮帶，就有 1 條是我們鎮做的。」可能他還真的不是在吹牛！

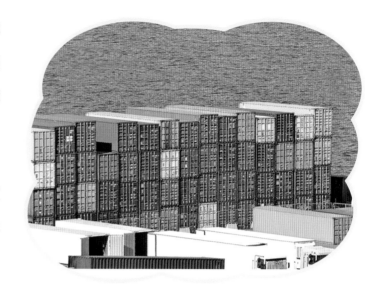

▼ 農產品、海產品

一個美國的女作家曾做了一個實驗——不買中國製造的產品。其結果是，她全家常常要滿城找才能買到所需的日常用品，而她四歲的孩子表示強烈抗議，這個實驗最後只堅持了一年就不得不結束了。可見「中國製造」的威力。

當然，在龐大的銷量背後，也產生了許多煩惱。比如：中國的環境污染越來越嚴重了；中國製造的產品的價格過於低廉；自主創新能力不足，等等。

這些問題應該如何解決呢？你有沒有想過？答案是我們必須實現從「中國製造」到「中國創造」的飛躍。

▼ 鋼鐵、煤炭

◀ 各類機器的零件、附件

33

絲綢之路的新旅程──「一帶一路」

陸上絲綢之路和海上絲綢之路是古代一條東方與西方之間在經濟、政治、文化等方面進行交流的主要道路。到了 21 世紀，絲綢之路有了新的發展──「一帶一路」。

「一帶一路」是「絲綢之路經濟帶」和「21 世紀海上絲綢之路」的簡稱。「一帶一路」是中國與絲路沿途國家分享優質產能，內容包括政策溝通、設施聯通、貿易暢通、資金融通、人心相通等「五通」。這一倡議已經得到了歐亞大陸上大部分國家的支持與參與。

或許你會覺得這些概念有些難懂，沒關係，我們只要了解「一帶一路」給我們帶來了哪些福利就好。

▍ 交通 ▍

走着高速直達歐洲

福利

1. 以後說不定能坐着高鐵或者走高速公路去歐洲，飽覽歐亞大陸的美麗景色。
2. 國際航班航線少將成為往事！不僅可選的航班多了，機票也可能更便宜。

▍ 商貿 ▍

商品價更低海淘更容易

福利

1. 「一帶一路」沿線國家的進口商品價格會更便宜，品種會更豐富。
2. 在海外購買商品更規範、更方便、更安心，能買到更有特色的商品。
3. 與沿線國家做生意手續更簡單、交稅更少，賺錢的機會更多。

▋ 教育 ▋

海外留學創業更加多元

福利

1. 留學不用再緊盯歐美，「一帶一路」上也有很多好學校，留學選擇更多元。

2. 就業創業不再難，國內沒機會，還可以去國外闖闖。

▋ 旅遊 ▋

沿線國家有望說走就走

福利

1. 中國護照更給力，去沿線國家更方便，有望說走就走。

2. 國際旅遊路線選擇更多，寒暑假外出旅行有更多好去處。

▋ 文化 ▋

絲綢之路電影節有看頭

福利

1. 荷里活、迪士尼的電影、動畫看煩了？「一帶一路」的各類優秀電影盡收眼底。

2. 各國頂尖藝術家們將陸續來華，經典芭蕾、歌劇輪番着看。

我是「一帶一路」上的小使者

不同於古代的陸上絲綢之路和海上絲綢之路，現在的「一帶一路」範圍更大，目前已有 18 個省份規劃在「一帶一路」上。它們是：新疆、陝西、甘肅、寧夏、青海、內蒙古等西北 6 省；黑龍江、吉林、遼寧等東北 3 省；廣西、雲南、西藏等西南 3 省；上海、福建、廣東、浙江、海南等沿海 5 省市，內陸地區則有重慶。此外，規劃還提及要發揮港澳台地區在「一帶一路」的作用。

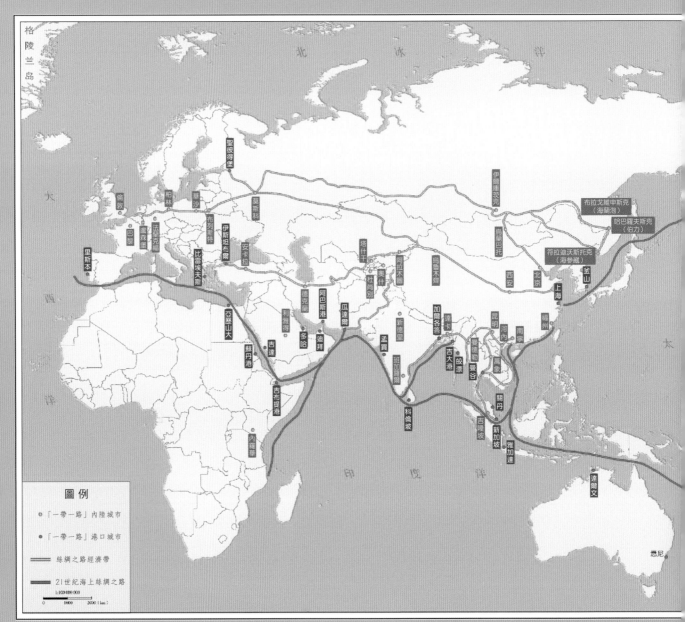

審圖號：GS（2016）1762號

這裏有你的家鄉嗎？

如果你的家鄉在「一帶一路」上，你能做個對外小使者，推薦一下你的家鄉嗎？

> 我的家鄉是新疆，新疆在絲綢之路經濟帶上。
>
> 我的家鄉有豐富的石油、天然氣資源和農產品，它們是主要的對外出口商品。我的家鄉還有美麗的風景，歡迎大家來做客！

> 我的家鄉是廣東省的廣州市。
>
> 我們這裏有廣交會，從1957年舉辦至今從未間斷。每年廣交會期間都會吸引大量的國外客商。歡迎大家來參加廣交會。

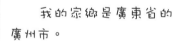

家測繪地理信息局 監製

我的家在中國・道路之旅①

條條絲路
通亞歐｜**絲綢之路**

檀傳寶◎主編　葉王蓓◎編著

責任編輯：楊　歌

裝幀設計：龐雅美

排　版：龐雅美　鄧佩儀

印　務：劉漢舉

出版 / 中華教育

香港北角英皇道 499 號北角工業大廈 1 樓 B

電話：（852）2137 2338

傳真：（852）2713 8202

電子郵件：info@chunghwabook.com.hk

網址：https://www.chunghwabook.com.hk/

發行 / 香港聯合書刊物流有限公司

香港新界荃灣德士古道 220-248 號

荃灣工業中心 16 樓

電話：（852）2150 2100

傳真：（852）2407 3062

電子郵件：info@suplogistics.com.hk

印刷 / 美雅印刷製本有限公司

香港觀塘榮業街 6 號

海濱工業大廈 4 樓 A 室

版次 / 2021 年 3 月第 1 版第 1 次印刷

©2021 中華教育

規格 / 16 開（265 mm x 210 mm）